ICS 29.240.20

K 47

备案号：50046—2015

中华人民共和国电力行业标准

DL/T 1401 — 2015

输变电钢结构用钢管制造技术条件

Steel pipe manufacturing technical requirements for
steel structures of substation and transmission line

2015-04-02发布　　　　　　　　　　　　　　　　　　2015-09-01实施

国家能源局　发布

目　　次

前　言

本标准按照 GB/T 1.1—2009《标准化工作导则　第 1 部分：标准的结构和编写》给出的规则起草。

本标准由中国电力企业联合会提出并归口。

本标准起草单位：电力工业电力设备及线路器材质量检验测试中心、潍坊长安铁塔股份有限公司、南京大吉铁塔制造有限公司、浙江盛达铁塔有限公司、江苏玉龙钢管股份有限公司、福建省电力勘测设计院、常熟风范电力设备股份有限公司、青岛汇金通电力设备股份有限公司、安徽宏源铁塔有限公司、青岛武晓集团股份有限公司。

本标准主要起草人：蔡鹏毅、李东、戴刚平、王军、方强、赵金元、赵金飞、王立新、张巨锋、陈炎兵、陈凝玲。

本标准在执行过程中的意见或建议反馈至中国电力企业联合会标准化管理中心（北京市白广路二条一号，100761）。

输变电钢结构用钢管制造技术条件

1 范围

本标准规定了输变电钢结构用钢管的分类、订货内容、材料、制造工艺、技术要求、检验规则、包装、标志、运输、贮存等要求。本标准包括的钢管类型有直缝高频电阻焊钢管（HFW）、直缝埋弧焊钢管（SAWL）、直缝气体保护焊和埋弧焊组合焊钢管（COWL）、螺旋缝埋弧焊钢管（SAWH）和无缝钢管（SMLS）。

本标准适用于输变电钢管塔、钢管杆及钢管构支架用等截面钢管。其他类似钢管结构产品用等截面钢管可参照执行。

2 规范性引用文件

下列文件对于本文件的应用是必不可少的。凡是注日期的引用文件，仅注日期的版本适用于本文件。凡是不注日期的引用文件，其最新版本（包括所有的修改单）适用于本文件。

GB/T 222 钢的成品化学成分允许偏差

GB/T 223（所有部分） 钢铁及合金化学分析方法

GB/T 228.1 金属材料 拉伸试验 第1部分：室温试验方法

GB/T 229 金属材料 夏比摆锤冲击试验方法

GB/T 231.1 金属材料 布氏硬度试验 第1部分：试验方法

GB/T 232 金属材料 弯曲试验方法

GB/T 244 金属管 弯曲试验方法

GB/T 246 金属管 压扁试验方法

GB/T 700 碳素结构钢

GB/T 709 热轧钢板和钢带的尺寸、外形、重量及允许偏差

GB/T 985.1 气焊、焊条电弧焊、气体保护焊和高能束焊的推荐坡口

GB/T 985.2 埋弧焊的推荐坡口

GB/T 1591 低合金高强度结构钢

GB/T 2102 钢管的验收、包装、标志和质量证明书

GB/T 2650 焊接接头冲击试验方法

GB/T 2651 焊接接头拉伸试验方法

GB/T 2653 焊接接头弯曲试验方法

GB/T 2654 焊接接头硬度试验方法

GB/T 2970 厚钢板超声波检验方法

GB/T 2975 钢及钢产品 力学性能试验取样位置及试样制备

GB/T 3274 碳素结构钢和低合金结构钢 热轧厚钢板和钢带

GB/T 3323 金属熔化焊焊接接头射线照相

GB/T 3524 碳素结构钢和低合金结构钢热轧钢带

GB/T 4336 碳素钢和中低合金钢 火花源原子发射光谱分析方法（常规法）

GB/T 5117 非合金钢及细晶粒钢焊条

GB/T 5293 埋弧焊用碳钢焊丝和焊剂

GB/T 7735　钢管涡流探伤检验方法

GB/T 8110　气体保护电弧焊用碳钢、低合金钢焊丝

GB/T 8162　结构用无缝钢管

GB/T 9711　石油天然气工业　管线输送系统用钢管

GB/T 10045　碳钢药芯焊丝

GB/T 11345　焊缝无损检测　超声检测　技术、检测等级和评定

GB/T 12470　埋弧焊用低合金钢焊丝和焊剂

GB/T 17493　低合金钢药芯焊丝

GB/T 20066　钢和铁　化学成分测定用试样的取样和制样方法

GB/T 20123　钢铁　总碳硫含量的测定　高频感应炉燃烧后红外吸收法（常规方法）

GB 50661　钢结构焊接规范

HG/T 2537　焊接用二氧化碳

HG/T 3728　焊接用混合气体　氩–二氧化碳

JB/T 3223　焊接材料质量管理规程

JG/T 203　钢结构超声波探伤及质量分级法

SY/T 6423.1　石油天然气工业　钢管无损检测方法　第1部分：焊接钢管焊缝缺欠的射线检测

SY/T 6423.2　石油天然气工业　钢管无损检测方法　第2部分：焊接钢管焊缝纵向和/或横向缺欠的自动超声检测

SY/T 6423.3　石油天然气工业　钢管无损检测方法　第3部分：焊接钢管用钢带/钢板分层缺欠的自动超声检测

3　术语和定义

下列术语和定义适用于本文件。

3.1

等截面钢管　equal cross section steel pipe

任一横截面的形状和尺寸均相同的钢管。

3.2

直缝高频电阻焊钢管　longitudinal seam electric-welded steel pipe；HFW

采用高频（频率不小于70kHz）电阻焊工艺制造的带有纵向直焊缝的钢管。

3.3

直缝埋弧焊钢管　longitudinal seam submerged-arc welded steel pipe；SAWL

采用埋弧焊工艺制造的带有纵向直焊缝的钢管。

3.4

直缝气体保护焊和埋弧焊组合焊钢管　combination gas metal-arc and submerged-arc welded steel pipe；COWL

采用熔化极气体保护焊和埋弧焊组合工艺制造的带有纵向直焊缝的钢管。

3.5

螺旋缝埋弧焊钢管　helical seam submerged-arc welded steel pipe；SAWH

采用埋弧焊工艺制造的带有螺旋焊缝的钢管。

3.6

无缝钢管　seamless steel pipe；SMLS

采用热轧（挤压、扩）和冷拔（轧）工艺制造的无焊缝的钢管。

3.7

冷扩径　cold-expanded method

在环境温度下，用机械的方式使钢管直径永久扩大的工艺方法。

3.8

冷定径　cold-sized method

在环境温度下，使钢管直径永久增加或减少的工艺方法。

4　总则

4.1　输变电钢结构用钢管的制造及检验应满足订货合同和本标准的要求，在本标准中未规定的，应符合国家和行业有关标准的规定。

4.2　输变电钢结构用钢管制造所涉及的其他材料或加工技术要求按相应的国家或行业标准执行。

4.3　采用新材料、新技术、新工艺时，应经过试验及验证，以评定是否满足设计及安全使用的要求。

4.4　输变电钢结构用无缝钢管（SMLS）的制造及检验按照 GB/T 8162 执行。

4.5　输变电钢结构用钢管的制造过程应满足国家有关环境、职业健康和安全的法规和标准要求。

5　产品分类

5.1　按截面形状划分：圆形钢管和多棱形钢管。

5.2　按制造方法划分：焊接钢管和无缝钢管。

5.3　按焊接工艺划分：直缝高频电阻焊钢管（HFW）、直缝埋弧焊钢管（SAWL）、直缝气体保护焊和埋弧焊组合焊钢管（COWL）及螺旋缝埋弧焊钢管（SAWH）。

6　订货内容

6.1　按本标准订购钢管的合同或订单至少应包括下列内容：

　　a）　标准编号；

　　b）　产品名称；

　　c）　钢材牌号及等级；

　　d）　规格；

　　e）　数量（总重量或总长度）；

　　f）　管端状态（坡口形式及尺寸）；

　　g）　焊缝质量等级（无缝钢管除外）；

　　h）　交货状态。

6.2　需方还宜在订货合同上注明下列要求：

　　a）　钢材理化试验报告；

　　b）　焊缝力学性能试验报告；

　　c）　焊缝无损检测报告；

　　d）　钢管纵向直焊缝的数量要求；

　　e）　需方提出的其他特殊要求。

7　材料

7.1　钢材

7.1.1　焊接钢管用钢材应采用电炉或转炉冶炼，必要时加炉外精炼，并且以热轧状态交货。若采用控轧状态的钢材，须经用户同意并应进行相应焊接方法的工艺评定。钢材质量应符合 GB/T 700、GB/T 709、GB/T 1591、GB/T 3274、GB/T 3524 等国家标准及用户的要求，应具有钢厂的质量证明书。若钢材中添加细化晶粒的元素，则应在质量证明书中标明。钢管制造企业应按照证明书的内容进行验收，并经复检合格后，方可使用。

7.1.2 焊接钢管用钢材表面不应有裂缝、折叠、结疤、夹渣和重皮等缺陷。表面有锈蚀、麻点、划痕时，其深度不应大于该钢材厚度允许负偏差值的 1/2，且累计误差应在允许负偏差范围内。钢材表面缺陷不应进行焊接修补。

7.1.3 焊接钢管用钢材应按照 GB/T 2970 和 SY/T 6423.3 对板边 25mm 范围内进行 100%超声波检测，不允许存在裂纹或分层缺陷。如需方对两侧边缘以外的板面有超声波检测要求，经供需双方协商，可在合同中注明。检测的扫查面积、验收等级等由供需双方协商确定。

7.2 焊接材料

7.2.1 焊条、焊丝、焊剂等焊接材料的质量应符合 GB/T 5117、GB/T 5293、GB/T 8110、GB/T 10045、GB/T 12470、GB/T 17493 及用户的要求，应具有焊材质量证明书。钢管制造企业应按照证明书的内容进行验收。焊接用气体应满足 HG/T 2537、HG/T 3728 的要求。

7.2.2 焊接材料的使用和保管应符合 JB/T 3223 标准规定。

7.2.3 焊材的选用应与母材的机械性能相匹配，每批焊材经复检合格后方可使用。

8 制造工艺

8.1 工艺选择

8.1.1 外径不大于 299mm 的钢管宜选用直缝高频电阻焊钢管（HFW）或无缝钢管（SMLS）。

8.1.2 外径大于 299mm 且不大于 508mm 的钢管宜选用直缝高频电阻焊钢管（HFW）、直缝埋弧焊钢管（SAWL）、直缝气体保护焊和埋弧焊组合焊钢管（COWL）、螺旋缝埋弧焊钢管（SAWH）或无缝钢管（SMLS）。

8.1.3 外径大于 508mm 的钢管宜选用直缝埋弧焊钢管（SAWL）、直缝气体保护焊和埋弧焊组合焊钢管（COWL）或螺旋缝埋弧焊钢管（SAWH）。

8.2 焊接钢管制造工艺

8.2.1 外径大于 219mm 或屈服强度不小于 420MPa 的直缝高频电阻焊钢管（HFW）焊后应对焊缝和热影响区进行在线正火热处理。

8.2.2 直缝高频电阻焊钢管（HFW）、直缝埋弧焊钢管（SAWL）及直缝气体保护焊和埋弧焊组合焊钢管（COWL）可采用冷定径或冷扩径方法对钢管进行定径或扩径。冷定径钢管的定径率不应大于 0.015；冷扩径钢管的定径率不应小于 0.003，且不应大于 0.015。

钢管的定径率可按以下公式计算：

$$S_r = |D_a - D_b| / D_b$$

式中：

S_r——钢管定径率；

D_a——制造厂设计的定径后的钢管外径，单位为毫米（mm）；

D_b——制造厂设计的定径前的钢管外径，单位为毫米（mm）。

8.2.3 直缝高频电阻焊钢管（HFW）、直缝埋弧焊钢管（SAWL）及直缝气体保护焊和埋弧焊组合焊钢管（COWL）外径不大于 800mm 时最多允许有 1 条纵向焊缝，外径大于 800mm 且不大于 1600mm 时最多允许有 2 条纵向焊缝，外径大于 1600mm 时最多允许有 3 条纵向焊缝。

8.2.4 焊接钢管不允许存在环向对接焊缝，螺旋缝埋弧焊钢管（SAWH）不允许存在钢带的对接接头。

8.3 交货状态

直缝埋弧焊钢管（SAWL）、直缝气体保护焊和埋弧焊组合焊钢管（COWL）及螺旋缝埋弧焊钢管（SAWH）应按焊接状态交货，直缝高频电阻焊钢管（HFW）应按焊接状态或焊缝热处理状态交货。

9 技术要求

9.1 下料

9.1.1 钢板或钢带的下料可采用机械切割、等离子切割或火焰切割。采用机械剪切方法下料时，各种牌号钢材允许的最大冷剪切厚度应符合表1的规定，钢材厚度超过10mm时，应对冷剪切边进行铣边或刨边处理。采用等离子切割或火焰切割时，在成型前应将过热区清除。

表1　允许最大冷剪切厚度　　　　　　　　　　　　　单位：mm

钢材牌号	最大剪切厚度
Q235	24
Q345	20
Q390	16
Q420	14
Q460	12

9.1.2 采用机械剪切方法下料时，各种牌号钢材允许的最低剪切温度应符合表2的规定。温度低于表2的规定时，应对剪切边进行铣边或刨边处理。

表2　允许最低剪切温度　　　　　　　　　　　　　单位：℃

钢材牌号	最低剪切温度
Q235	−5
Q345	0
Q390、Q420、Q460	5

9.1.3 板边加工后应光滑、整齐、无裂纹，坡口尺寸和板边质量应满足焊接质量要求。下料后的钢板宽度与偏差应满足钢管成型后的外径偏差要求。

9.1.4 用于制造螺旋缝埋弧焊钢管（SAWH）的钢带宽度不应小于钢管外径的0.8倍，且不应大于钢管外径的3倍。

9.2 预弯与成型

9.2.1 成型前应检查钢板或钢带表面，当表面有锈蚀、麻点、划痕时，可进行表面修磨，修磨后钢材实际厚度应满足制管后对钢管最小壁厚的要求。

9.2.2 钢板或钢带预弯和成型时变形应均匀，预弯后板边应圆滑过渡，预弯宽度和弧度应满足管型的要求，成型后的钢管应无明显的压痕和直边。

9.3 焊接

9.3.1 焊接工艺评定

直缝埋弧焊钢管（SAWL）、直缝气体保护焊和埋弧焊组合焊钢管（COWL）或螺旋缝埋弧焊钢管（SAWH）制造企业，对首次采用的钢材、焊接材料、焊接方法、预热和焊后热处理等，在钢管焊接前应按照GB 50661的规定进行焊接工艺评定，并编制焊接工艺规程。对于直缝高频电阻焊钢管（HFW）制造企业，应首先编制焊接工艺，并参照GB 50661的试验项目对焊接接头进行试验。焊接件的施焊范围不应超出焊接工艺评定的覆盖范围。

9.3.2 焊工资格

9.3.2.1 焊工应经过专门的基本理论和操作技能培训并考试合格取得合格证书。

9.3.2.2 焊接的钢材种类、焊接方法均应与焊工本人考试合格的项目相符，不应超范围施焊。

9.3.3 焊接的一般规定

9.3.3.1 焊接设备：焊接设备工作状态应完好，焊接电流、焊接电压和焊接速度等显示仪表应在检定有效期内使用。

9.3.3.2 焊缝质量等级：钢管焊缝质量等级应根据输变电钢结构的设计要求并在采购合同中注明，但不低于三级焊缝要求，且完全熔透。

9.3.3.3 焊接环境要求：

a) 焊接材料的贮存仓库应保持干燥，相对湿度不大于60%。

b) 当焊接作业区出现下列任一情况且无有效防护措施时不应施焊：

——气体保护焊时风速大于2m/s；

——相对湿度大于90%；

——制作车间内焊接作业区有穿堂风或风机送风；

——焊接件表面潮湿或被冰雪覆盖。

9.3.3.4 预热、焊后热处理。当焊接工艺评定或设计文件有预热、焊后热处理要求时，应按规定进行预热、焊后热处理，下列情况下应在始焊处各方向大于或等于2倍钢板厚度且不小于100mm范围内对焊件进行预热：

——焊接Q345以下等级钢材时，环境温度低于－10℃；

——焊接Q345等级钢材时，环境温度低于0℃；

——焊接Q345以上等级钢材时，环境温度低于5℃。

9.3.3.5 严禁在焊缝间隙内嵌入金属材料。

9.3.4 焊缝质量

9.3.4.1 焊缝外观质量

9.3.4.1.1 焊缝感观应达到：外形均匀、成型较好，焊道与焊道、焊缝与基体金属间圆滑过渡，焊渣和飞溅物清除干净。

9.3.4.1.2 当焊缝外观出现下列情况之一时，应对缺陷进行表面无损检测：

——外观检查发现裂纹时，应对该批钢管的焊缝进行100%的表面无损检测；

——外观检查怀疑有裂纹时，应对怀疑的部位进行表面无损检测；

——订货要求进行表面无损检测时；

——检查人员认为有必要时。

9.3.4.1.3 焊缝外观质量应符合表3的规定。

表3 焊缝质量等级及外观缺陷分级

单位：mm

项 目		允 许 偏 差		
焊缝质量等级		一级	二级	三级
外观缺陷	未焊满（指不足设计要求）	不允许		深度≤0.2+0.02t 且≤1.0，每100.0焊缝内缺陷总长不大于25.0
	咬边	不允许	深度≤0.05t 且≤0.5；连续长度≤100.0且焊缝两侧咬边总长≤10%焊缝全长	深度≤0.1t 且≤1.0，长度不限
	弧坑裂纹	不允许		
	电弧擦伤	不允许		允许存在个别电弧擦伤
	飞溅	清除干净		
	接头不良	不允许	缺口深度≤0.05t 且≤0.5	缺口深度≤0.1t 且≤1.0
		每1000.0焊缝不得超过1处		

表3（续）

项　　目		允　许　偏　差		
焊缝质量等级		一级	二级	三级
外观缺陷	焊瘤	不允许		
	表面夹渣	不允许		深度≤0.2t，长度≤0.5t 且≤20.0
	表面气孔	不允许		

注 1：t 为钢管公称厚度。
注 2：咬边如经磨削修整并平滑过渡，则只按焊缝最小允许厚度值评定。

9.3.4.2 焊缝外形尺寸

9.3.4.2.1 焊缝余高 C

直缝埋弧焊钢管（SAWL）、直缝气体保护焊和埋弧焊组合焊钢管（COWL）及螺旋缝埋弧焊钢管（SAWH）的焊缝余高允许偏差应符合表4的规定。管端150mm范围内的内外焊缝余高应磨平，剩余高度不大于 0.5mm。

表4　焊缝余高允许偏差　　　　　　　　　　　　单位：mm

项目	允许偏差		示意图
	一级、二级	三级	
焊缝余高 C	焊缝宽度 $B<20$ 时，0～3.0 焊缝宽度 $B≥20$ 时，0～4.0	焊缝宽度 $B<20$ 时，0～4.0 焊缝宽度 $B≥20$ 时，0～5.0	

9.3.4.2.2 焊缝宽度 B

Ⅰ形坡口对接焊缝（包括Ⅰ形带垫板对接焊缝）见图1，其焊缝宽度 $B=b+2a$。非Ⅰ形坡口对接焊缝见图2，其焊缝宽度 $B=g+2a$。焊缝最大宽度 B_{max} 和最小宽度 B_{min} 的差值，在任意50mm焊缝长度范围内偏差值不大于4.0mm，整个焊缝长度范围内偏差值不大于5.0mm。焊缝宽度应符合表5的规定。

a）单面焊缝　　　　　　　　　　　　b）双面焊缝

图1　Ⅰ形坡口对接焊缝

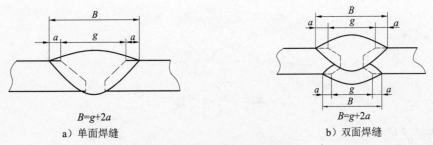

a）单面焊缝　　　　　　　　　　　　b）双面焊缝

图2　非Ⅰ形坡口对接焊缝

表5 焊 缝 宽 度

单位：mm

焊接方法	焊缝形式	焊缝宽度 B	
		B_{min}	B_{max}
埋弧焊	I 形焊缝	$b+6$	$b+16$
	非 I 形焊缝	$g+4$	$g+14$
气体保护焊	I 形焊缝	$b+4$	$b+8$
	非 I 形焊缝	$g+4$	$g+8$

注：表中 b 值为符合 GB/T 985.1、GB/T 985.2 要求的实际装配值；g 为坡口面宽度。

9.3.4.2.3 焊缝边缘直线度 f

在任意 300mm 连续焊缝长度范围内，焊缝边缘沿焊缝轴向的直线度 f 见图 3，其允许偏差应符合表6 的规定。

表6 焊缝边缘直线度 f 的允许偏差

单位：mm

焊接方法	焊缝边缘直线度 f 的允许偏差
埋弧焊	3.0
气体保护焊	2.0

9.3.4.2.4 焊缝表面凹凸

在任意 25mm 连续焊缝长度范围内，焊缝余高 $C_{max}-C_{min}$ 的允许偏差应不大于 2.0mm，见图 4。

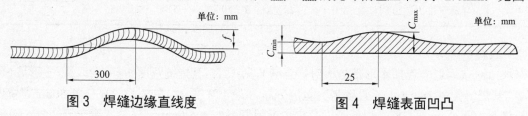

图 3 焊缝边缘直线度   图 4 焊缝表面凹凸

9.3.4.2.5 错边

直缝高频电阻焊钢管（HFW）的径向错边不应使焊缝处剩余壁厚小于最小允许壁厚，且错边量不大于 0.5mm；直缝埋弧焊钢管（SAWL）、直缝气体保护焊和埋弧焊组合焊钢管（COWL）及螺旋缝埋弧焊钢管（SAWH）的径向错边不应大于 $0.15t$，且不大于 1.2mm。不允许用焊接的方法对错边处进行修补。

9.3.4.2.6 焊偏

在焊缝完全焊透和熔合时，直缝埋弧焊钢管（SAWL）、直缝气体保护焊和埋弧焊组合焊钢管（COWL）及螺旋缝埋弧焊钢管（SAWH）的焊偏量（中心偏移量，见图 5）应符合如下规定：

——钢管壁厚不大于 20mm 时，焊缝焊偏量不应大于 3.0mm；

——钢管壁厚大于 20mm 时，焊缝焊偏量不应大于 4.0mm。

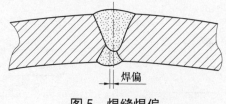

图 5 焊缝焊偏

9.3.4.3 焊缝内部质量

9.3.4.3.1 对于需要进行焊后热处理的焊接钢管，其内部质量检验应在热处理完成 24h 后进行。

9.3.4.3.2 焊缝内部质量可采用以下任一种适宜的无损检验方法进行检测：

　　a) 直缝高频电阻焊钢管（HFW）的焊缝可采用超声波检测，外径不大于 168.3mm 或壁厚不大于 8mm 的钢管也可以采用涡流检测。直缝埋弧焊钢管（SAWL）、直缝气体保护焊和埋弧焊组合焊钢管（COWL）及螺旋缝埋弧焊钢管（SAWH）可采用超声波检测或 X 射线检测。

　　b) 超声波检测可采用自动超声波检测，也可采用手工超声波检测。采用自动超声波检测时其检测方法应符合 SY/T 6423.2 的规定，采用手工超声波检测时其检测方法应符合 GB/T 11345 或 JG/T 203 的规定。X 射线检测可采用 X 射线计算机成像法检测，也可采用 X 射线照相法检测。采用 X 射线计算机成像法检测时其检测方法应符合 SY/T 6423.1 的规定，采用 X 射线照相法检测时其检测方法应符合 GB/T 3323 的规定。采用涡流检测时，检测方法应符合 GB/T 7735 的规定。

　　c) 采用自动检测时，若存在盲区或对检测结果有怀疑时，应采用手工超声波或 X 射线照相法进行复查。

9.3.4.3.3 不同质量等级焊缝内部缺陷评定应符合表 7 的规定。

表7 焊缝质量等级及内部缺陷分级

		焊缝质量等级	一级	二级	三级
手工检测	手工超声波检测	评定等级	I	II	全熔透
		检验等级	B 级		
		探伤比例	100%	20%	20%
		检验与评定标准 / 壁厚大于或等于 8mm	GB/T 11345		
		检验与评定标准 / 壁厚小于 8mm	JG/T 203		
	X 射线照相法检测	评定等级	II	III	全熔透
		检验等级	B 级		
		探伤比例	100%	20%	20%
		检验与评定标准	GB/T 3323		
自动检测	涡流检测	验收等级	B 级	A 级	全熔透
		探伤比例	100%	20%	20%
		检验与评定标准	GB/T 7735		
	自动超声波检测	验收等级	L3 级	L4 级	全熔透
		探伤比例	100%	20%	20%
		检验与评定标准 / HFW	SY/T 6423.2		
		检验与评定标准 / SAWL、COWL、SAWH			
	X 射线计算机成像法检测	图像质量级别	R1	R2	全熔透
		探伤比例	100%	20%	20%
		检验与评定标准	SY/T 6423.1		

9.3.5 焊接返修

9.3.5.1 直缝高频电阻焊钢管（HFW）的焊缝不允许焊接返修。

9.3.5.2 直缝埋弧焊钢管（SAWL）、直缝气体保护焊和埋弧焊组合焊钢管（COWL）及螺旋缝埋弧焊钢管（SAWH）的焊缝缺陷允许焊接返修，但受下列条件限制：

　　——冷扩径钢管和热处理钢管的焊接返修应在冷扩径和热处理之前进行；

  —— 每根钢管焊接返修一、二级焊缝不应多于 3 处，三级焊缝不应多于 5 处，且每处返修长度不得小于 50mm；

  —— 每根钢管返修焊缝的总长度不得大于该钢管焊缝长度的 10%；

  —— 管端 200mm 范围内不允许焊接返修（三级焊缝除外）；

  —— 同一位置返修次数不宜超过 2 次；

  —— 返修焊缝应修磨，修磨后的焊缝高度和宽度应与原焊缝一致，且与原焊缝间保持圆滑过渡。

9.3.5.3 返修应采用评定合格的焊接工艺，并按原检测方法对返修后的焊缝进行检测。

9.3.6 焊后应力消除

  焊接钢管需要进行焊后应力消除处理时，应根据母材的化学成分、焊接类型、管径、厚度等因素，确定焊后消除应力的方法。

9.4 定径与矫直

9.4.1 钢管焊接完成后需进行定径、矫直，定径、矫直后钢管外形应满足 9.6 的要求。

9.4.2 定径后钢管表面应清洁，不得有裂纹、折叠、结疤。

9.5 切断与修端

9.5.1 钢管切断宜采用机械切割方式，当采用火焰切割或等离子切割等方法时，应将端部过热区、硬化区清除。

9.5.2 钢管管端坡口形式和尺寸按照合同约定执行。

9.5.3 钢管管端不应有毛刺，端面倾斜度允许偏差应符合表 8 的规定。

表 8　钢管端面倾斜度允许偏差

单位：mm

钢管外径 D	允许偏差 p	示　意　图
$D\leq95$	1.0	
$95<D\leq180$	1.5	
$180<D\leq400$	2.0	
$D>400$	2.5	

9.6 尺寸、外形、重量及允许偏差

9.6.1 横截面尺寸及允许偏差

9.6.1.1 采用单轧钢板制造的焊接钢管，壁厚允许偏差应满足 GB/T 709 中 N 类偏差要求；采用钢带制造的焊接钢管，壁厚允许偏差应满足 GB/T 709 中普通精度偏差要求。

9.6.1.2 直缝高频电阻焊钢管（HFW）、直缝埋弧焊钢管（SAWL）及直缝气体保护焊和埋弧焊组合焊钢管（COWL）的外径允许偏差应符合表 9、表 10 的规定。

表 9　圆形焊接钢管外径允许偏差

单位：mm

项　目		允许偏差		示意图
		管端（200mm 范围内）	管体	
外径 D	$D\leq508$	±1.0	±0.7%D 且不超过±2.5	
	$D>508$	±2.0	±0.5%D 且不超过±3.0	

表 10 多棱形焊接钢管外形允许偏差

项 目		允许偏差		示意图
		管端（200mm 范围内）	管体	
棱边宽度 b		±2.0mm		
多棱形钢管制弯角度 α		±1°		
同一截面上的对边尺寸 D	D≤508mm	±1.0mm	±5.0mm	
	D>508mm	±2.0mm		

9.6.1.3 螺旋缝埋弧焊钢管（SAWH）的外径允许偏差应符合表 11 的规定。

表 11 螺旋缝埋弧焊钢管（SAWH）外径允许偏差　　　　单位：mm

外径 D	外 径	
	管端（200mm 范围内）	管体
D≤508	±1.0	±0.7%D，且最大为±3.2
D>508	±2.0	±5.0

9.6.2 长度

通常长度：钢管的通常长度一般为 3000mm～12 500mm。

定尺长度：钢管的定尺长度应在通常长度范围内，钢管的定尺长度允许偏差为 0mm～+50mm，如用户有特殊要求可协商确定，并在合同中注明。

倍尺长度：钢管的倍尺长度应在通常长度范围内，钢管的倍尺长度允许偏差为 0mm～+50mm，每个倍尺长度应留 5mm～15mm 的切口余量。

9.6.3 直线度

经校直后的焊接钢管局部直线度不应大于 2.0mm/m，全长直线度不应大于 L/1500（L 为钢管长度），且不大于 5.0mm。

9.6.4 钢管圆度

焊接钢管距管端 200mm 范围内的不圆度（即同一截面上最大外径与最小外径之差）不应大于 0.6%D，其余部分不圆度不应大于 1.2%D。

9.6.5 重量及允许偏差

9.6.5.1 钢管单位长度理论重量按以下公式计算，修约到最邻近的 0.01kg/m，钢铁的密度取 7850kg/m³：

$$W=0.024\ 661\ 5(D-t)\ t$$

式中：

W ——钢管的每米理论重量，单位为千克每米（kg/m）；

D ——钢管的公称外径，单位为毫米（mm）；

t ——钢管的公称壁厚，单位为毫米（mm）。

9.6.5.2 以理论重量交货的焊接钢管，每验收批的理论重量与实际重量的允许偏差不应超过−3.5%、＋10%，理论重量按钢管长度与每米理论重量乘积确定。

9.7 钢管表面质量

9.7.1 焊接钢管的内外表面应光滑，不允许有裂纹、折叠、分层、结疤、气孔等缺陷存在，允许有不大于壁厚允许负偏差 1/2 的划痕、刮伤。

9.7.2 直缝高频电阻焊钢管（HFW）的内外毛刺应清除，其中外毛刺剩余高度不应大于 0.5mm，内毛刺剩余高度不应大于 1.5mm，清除毛刺后刮槽深度不应大于 0.2mm。

9.8 化学成分

钢管的化学成分宜采用化学分析方法或光谱分析方法进行检测，试验方法应分别符合 GB/T 223（所有部分）、GB/T 4336、GB/T 20123 的要求。化学成分各元素含量应满足 GB/T 700、GB/T 1591 的要求，其允许偏差应符合 GB/T 222 的要求。

9.9 力学性能

9.9.1 钢管母材的力学性能

焊接钢管母材的拉伸和冲击功试验结果应符合表 12 的规定，其他牌号钢材的力学性能由供需双方协商确定。外径不大于 60.3mm 的钢管可进行全截面拉伸试验，其断后伸长率仅供参考，不做交货条件。

表 12 钢管母材的力学性能

牌号	质量等级	屈服强度 R_e N/mm^2	抗拉强度 R_m N/mm^2	断后伸长率 A %	冲击试验（V 型缺口）	
					温度 ℃	冲击吸收功 kV_2 J
Q235	B	$t≤16mm$，$R_{eH}≥235$；$16mm<t≤40mm$，$R_{eH}≥225$	370～500	≥26	+20	≥27
	C				0	
	D				−20	
Q345	B	$t≤16mm$，$R_{eL}≥345$；$16mm<t≤40mm$，$R_{eL}≥335$	470～630	≥20	+20	≥34
	C				0	
	D			≥21	−20	
	E				−40	
Q390	B	$t≤16mm$，$R_{eL}≥390$；$16mm<t≤40mm$，$R_{eL}≥370$	490～650	≥20	+20	≥34
	C				0	
	D				−20	
	E				−40	
Q420	B	$t≤16mm$，$R_{eL}≥420$；$16mm<t≤40mm$，$R_{eL}≥400$	520～680	≥19	+20	≥34
	C				0	
	D				−20	
	E				−40	
Q460	C	$t≤16mm$，$R_{eL}≥460$；$16mm<t≤40mm$，$R_{eL}≥440$	550～720	≥17	0	≥34
	D				−20	
	E				−40	

注 1：外径不大于 114mm 的钢管不测定屈服强度。

注 2：钢管厚度小于 6mm 时，不要求进行冲击试验。厚度不大于 10mm 时，可采用小冲击试样，当采用小冲击试样时，应在报告中注明，其中，55mm×10mm×7.5mm 试样、55mm×10mm×5mm 试样的夏比 V 型缺口冲击吸收功分别为规定值的 75%、50%。

注 3：t 为钢管公称厚度。

9.9.2 焊缝的力学性能

9.9.2.1 焊接钢管焊缝拉伸试样为横向试样，焊缝位于试样中部，只测定抗拉强度。试验按 GB/T 2651 规定的试验方法进行，其抗拉强度不应低于母材抗拉强度规定值的下限，试样的断裂位置不做具体要求。

9.9.2.2 经供需双方协商，并在合同中注明，可对焊接钢管的焊缝进行冲击、硬度等试验，其试验方法分别参照 GB/T 2650、GB/T 229、GB/T 2654、GB/T 231.1 的相关要求进行，并可参照 GB 50661 进行评定，试验温度、试样尺寸、冲击吸收功等由供需双方协商确定。

9.10 工艺性能

9.10.1 管体弯曲试验

外径不大于 60.3mm 的直缝高频电阻焊钢管（HFW）管体应进行全截面弯曲试验。试验时，试样应不带填充物，弯曲半径为钢管外径的 6 倍，弯曲角度为 90°，焊缝位于弯曲方向的外侧面。弯曲后，试样上不允许出现裂纹。

9.10.2 压扁试验

外径大于 60.3mm 的直缝高频电阻焊钢管（HFW）应进行压扁试验，见图 6。压扁试样的长度宜取 60mm～100mm，试样的焊缝应位于与施力方向成 90°的位置。试验时，当两平板间距离 H 为钢管外径的 2/3 时，焊缝处不允许出现裂纹或裂口；当两平板间距离为钢管外径的 1/3 时，焊缝以外的其他部位不允许出现裂纹或裂口，继续压扁直至相对管壁贴合为止，在整个压扁过程中，不允许出现分层或金属过烧现象。试验过程应符合 GB/T 246 的规定。

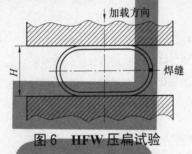

图 6　HFW 压扁试验

9.10.3 导向弯曲试验

直缝埋弧焊钢管（SAWL）、直缝气体保护焊和埋弧焊组合焊钢管（COWL）及螺旋缝埋弧焊钢管（SAWH）应进行正面导向弯曲试验。其中钢管母材、焊接接头的导向弯曲试验应分别按照 GB/T 232、GB/T 2653、GB/T 9711 规定的试验方法进行。试样应在弯轴下弯曲至 180°左右（弯心直径见表 13），试样不应出现以下任何一种情况：

    a）试样完全断裂；

    b）试样上焊缝金属中出现长度大于 3mm 的裂纹或裂缝（不考虑深度）；

    c）在母材、热影响区或熔合线上出现长度大于 3mm 的裂纹，或深度大于壁厚 10%的裂纹或破裂（如果试样的断裂或裂纹是由于缺陷或缺欠引起的，该试样可以作废，另取新试样代替）；

    d）试验过程中，出现在试样边缘且长度小于 6mm 的裂纹，不应作为拒收的依据。

表 13　导向弯曲试验弯心直径　　　　　　　　　　　　　　单位：mm

钢材材质	弯 心 直 径		
	钢管母材		焊缝
	$t \leq 16$	$t > 16$	
Q235	1.5t		8t
Q345、Q390、Q420、Q460	2t	3t	8t

注：t 为钢管公称厚度。

9.11 取样方向和位置

9.11.1 焊接钢管母材、焊接接头的拉伸、冲击、导向弯曲试验用试样的取样位置如图 7、图 8 所示。

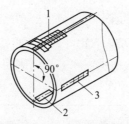

1—焊接接头横向拉伸、冲击及导向弯曲试样；

2—钢管母材纵向拉伸试样，中心距直焊缝约180°；

3—钢管母材纵向冲击及导向弯曲试样，中心距直焊缝约90°。

图7　HFW、SAWL 和 COWL 取样位置

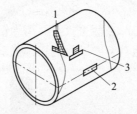

1—焊接接头横向拉伸、冲击及导向弯曲试样；

2—钢管母材纵向拉伸试样，中心沿钢管纵向螺距1/2处；

3—钢管母材纵向冲击及导向弯曲试样，中心沿钢管纵向距螺旋焊缝至少1/4处。

图8　SAWH 取样位置

9.11.2　钢管母材的拉伸、冲击、导向弯曲试验用试样应在钢管上与钢管长度轴线方向平行的位置截取（为纵向试样）。拉伸、导向弯曲试验用试样可使用全壁厚弧形截面试样，也可加工成圆柱状标准拉伸试样。冲击试验用试样的厚度应加工成5、7.5、10mm 之间的最大可能尺寸，并在报告中注明。试样的其他加工要求应分别满足 GB/T 228.1、GB/T 229、GB/T 232 的要求。

9.11.3　焊接接头拉伸、冲击、导向弯曲试验用试样的截取位置应与焊缝垂直，焊缝位于试样中心，冷压平后做拉伸、冲击、导向弯曲试验。冲击试验用试样的厚度应加工成5、7.5、10mm 之间的最大可能尺寸，并在报告中注明。试样上不应有补焊缝，两面的焊缝余高应去除。试样的其他加工要求应分别满足 GB/T 2651、GB/T 2650、GB/T 2653 的要求。

9.11.4　压扁试验时从焊接钢管端部切取长度为60mm～100mm 的钢管作为试样，试样两端应平齐。

10　检验规则

10.1　合格证

产品出厂前应由制造方检查和验收，并签发产品质量合格证书。

10.2　检验项目

检验项目包括:钢管的表面质量，外形尺寸，力学性能（包括拉伸试验、冲击试验），化学成分分析，工艺性能（包括管体弯曲试验、压扁试验、导向弯曲试验），焊缝外部质量和焊缝内部质量。

10.3　检验要求

10.3.1　检验人员应经过专门的基本理论和操作技能的培训，并考试合格后持证上岗。

10.3.2　无损检测人员应由国家授权的专业机构进行培训和考核，并取得相应的资格证书。无损检测人员应按考核合格项目及权限从事无损检测和审核工作。

10.3.3　检验设备和量具的量程及准确度应能满足所测项目精度要求，并经过计量检定（校准）合格。

10.4　检验批

钢管应按批进行检查和验收，每批应由同一炉号、同一牌号、同一规格、同一制造工艺、同一交货

状态和同一热处理制度的钢管组成。每批钢管的数量不应超过表 14 的规定。

表 14　钢 管 检 验 批 的 规 定

钢管外径 D mm	检验批数量 根
D≤299	200
299＜D≤508	100
D＞508	50

剩余钢管的根数，如不少于上述规定的 50%时则单独列为一批，少于上述规定的 50%时可并入同一牌号、同一炉号和同一规格的相邻一批中。

10.5　抽样方案及判定规则

10.5.1　抽样方案

钢管质量检验应在规定的检验批中采取随机抽样方法抽取相应的样品，检验项目等要求见表 15。

表 15　钢管的检验项目、取样数量、取样方法和试验方法

序号	检验项目	取样位置、取样数量		取样方法	试验方法	适用产品类别
1	外形尺寸	逐根		—	—	HFW、SAWL、COWL、SAWH
2	表面质量	逐根		—	—	HFW、SAWL、COWL、SAWH
3	焊缝外部质量	逐根		—	—	HFW、SAWL、COWL、SAWH
4	化学成分	每炉 1 个		GB/T 20066	GB/T 223 GB/T 4336 GB/T 20123	HFW、SAWL、COWL、SAWH
5	拉伸试验	钢管母材	每批 1 个	GB/T 2975 GB/T 228.1 GB/T 2651	GB/T 228.1 GB/T 2651	HFW、SAWL、COWL、SAWH
		焊缝	每批 1 个			
6	冲击试验	钢管母材	每批 3 件	GB/T 2975 GB/T 229 GB/T 2650	GB/T 229 GB/T 2650	HFW、SAWL、COWL、SAWH
		焊缝 （合同要求时）	每批 3 件			
		热影响区 （合同要求时）	每批 3 件			SAWL、COWL、SAWH
7	管体弯曲试验	每批 1 个		GB/T 244	GB/T 244	HFW
8	压扁试验	每批 1 个		GB/T 246	GB/T 246	HFW
9	导向弯曲试验	钢管母材	每批 1 个	GB/T 2975 GB/T 232 GB/T 2653 GB/T 9711	GB/T 232 GB/T 2653 GB/T 9711	SAWL、COWL、SAWH
		焊缝	每批 1 个			
10	焊缝内部质量 （无损检测）	逐根		—	GB/T 3323 GB/T 7735 GB/T 11345 SY/T 6423.1 SY/T 6423.2 JG/T 203	HFW、SAWL、COWL、SAWH

10.5.2 判定规则

10.5.2.1 钢管外形尺寸、表面质量、焊缝外部质量、焊缝内部质量不合格时，该根钢管判定为不合格。

10.5.2.2 钢管的化学成分不合格时，该炉号钢板/钢带制成的钢管均判定为不合格。

10.5.2.3 钢管的拉伸试验、管体弯曲试验、压扁试验、导向弯曲试验不合格时，应将该根钢管判定为不合格并进行复验。复验时，应从该批钢管任取 2 支，分别取 1 组试样进行相应不合格项目的检验，若两组试样试验结果均合格，则判定该批钢管合格；若两组试样试验结果有一个及以上不合格，则判定该批钢管不合格。或经供需双方协商逐支取样验证。

10.5.2.4 钢管的夏比（V 型缺口）冲击试验结果不合格时，在同一取样产品上再取一组试样进行复验，前后两组试样的平均值不得低于表 12 的规定值，允许其中两个试样低于规定值，但低于规定值的 70%的试样只允许一个。若复验结果仍不合格，则该批钢管判定为不合格。

11 包装、标志、运输和贮存

11.1 包装和标志

11.1.1 包装和标志应符合合同要求，若需方无特别约定，钢管的包装、标志及质量证明书应符合 GB/T 2102 的规定。

11.1.2 钢管必须有明显的标志，可在每一根钢管距管端约 100mm 处的内表面喷印钢管号、牌号作为标志，同时采用标签贴于钢管内表面，但不允许在钢管上出现模压的标志，喷印所用涂料、贴标签用的黏胶物应不易脱落且不影响热浸镀锌质量。打包包装时，每捆用适当的方法标明。

11.2 运输和贮存

11.2.1 钢管运输应具有可靠的防护措施，防止钢管之间或钢管与车体之间的摩擦损伤及挤压变形。

11.2.2 钢管贮存场所应平整、坚实、无积水，应有防止变形的措施，堆放高度不得使底层钢管挤压变形。

11.2.3 钢管应按炉（批）号、牌号、规格、不同制造工艺、交货状态或热处理制度等分别堆放，并且标志明确。

中 华 人 民 共 和 国

电 力 行 业 标 准

输变电钢结构用钢管制造技术条件

DL/T 1401—2015

*

中国电力出版社出版、发行

（北京市东城区北京站西街 19 号　100005　http://www.cepp.sgcc.com.cn）

北京九天众诚印刷有限公司印刷

*

2015 年 10 月第一版　　2015 年 10 月北京第一次印刷

880 毫米×1230 毫米　16 开本　1.25 印张　33 千字

印数 0001—3000 册

*

统一书号 155123·2659　定价 11.00 元

敬 告 读 者

中国电力出版社官方微信

掌上电力书屋

刮开涂层
查询真伪

155123.2659